Esteban Favela-Chávez
Alejandra C. Favela-Gaytán

Descrição e manejo de árvores ornamentais para uso em áreas urbanas

AF293845

Esteban Favela-Chávez
Alejandra C. Favela-Gaytán

Descrição e manejo de árvores ornamentais para uso em áreas urbanas

ScienciaScripts

This book is a translation from the original published under ISBN 978-620-2-15069-9.

Publisher:
Sciencia Scripts
is a trademark of
Dodo Books Indian Ocean Ltd. and OmniScriptum S.R.L publishing group

120 High Road, East Finchley, London, N2 9ED, United Kingdom
Str. Armeneasca 28/1, office 1, Chisinau MD-2012, Republic of Moldova, Europe
Printed at: see last page
ISBN: 978-620-7-63582-5

Conteúdo

I. Introdução.

As espécies ornamentais, especialmente as autóctones, adaptaram-se perfeitamente às condições do campo para serem utilizadas em zonas urbanas, o que é facilitado pelo facto de estas espécies terem certas tolerâncias à seca, às temperaturas altas e baixas e de a maioria delas se adaptar a qualquer tipo de solo. No entanto, ao plantá-las, há que ter cuidado no seu maneio, pois algumas delas são consideradas invasoras ou infestantes, o que faz com que invadam superfícies inteiras sem qualquer controlo.

Estas espécies devem possuir determinadas características para serem utilizadas em parques e jardins, nomeadamente o seu aspeto baseado na cor das suas folhas e na cor das suas flores, bem como as suas características de crescimento, a fim de saber em que medida podem ser úteis para fins de sombreamento e o facto de não causarem danos às infra-estruturas urbanas.

Existe um conceito muito útil aplicável a este tipo de espécies que é o de plantas introduzidas, ou seja, podem adaptar-se perfeitamente às condições adversas do clima e do solo, bem como à sua adaptação à seca; no entanto, é necessário ter cuidado no seu manuseamento para as proteger, se necessário.

I.1 Aspectos gerais da gestão das plantas ornamentais.

A reflorestação é fundamental para atenuar os impactes ambientais e a cultura humana, e é necessária, pois existem áreas que estão profundamente degradadas, o que acaba por levar a um forte processo de erosão, e ajuda muito a minimizar a degradação ambiental.

Um recurso fundamental para inverter esta degradação é o desenvolvimento de uma cobertura protetora que permita a recuperação da fertilidade do solo e, posteriormente, a instalação de diversas plantas, que contribuirão para melhorar a imagem urbana e fornecer ao ambiente produtos derivados de processos fisiológicos como a libertação de oxigénio para o ambiente.

Nos espaços verdes, as espécies autóctones, com as suas características próprias, como a área foliar suficiente e a tolerância a baixas quantidades de água, servem para levar a cabo programas que garantam o êxito da reflorestação e, ao mesmo tempo, permitem-nos aprofundar o nosso conhecimento sobre elas. Desta forma, podemos também considerar outras utilidades da espécie para a população.

I.2 Características das plantas nativas do deserto árido e semi-árido do México.

Atualmente, existe um sistema de reorganização climática conhecido como "Sunset", utilizado como recurso para a adaptabilidade das espécies e variedades vegetais a uma determinada área geográfica, utilizando dados sobre temperaturas máximas e mínimas, frequência e intensidade das geadas, acumulação de calor e procura evaporativa, Neste sentido, a Comarca Lagunera é considerada como zona 13, que corresponde geralmente a regiões semidesérticas de média altitude, alto potencial de evaporação, alta intensidade luminosa e baixa acumulação de frio invernal, pelo que as espécies propostas na presente proposta se enquadram no esquema.

Os solos predominantes são solos de aluvião recentes, de perfil ligeiro, com texturas que vão desde o crumble arenoso às areias, argilas pesadas, com drenagem deficiente, ricos em potássio, magnésio, sódio e cálcio, pobres em azoto, fósforo e elementos menores pouco solúveis.

As plantas autóctones são aquelas que se desenvolveram na região, não tendo sido importadas de locais com características climáticas diferentes das do local onde são plantadas para o seu desenvolvimento. A Comarca Lagunera é considerada uma região árida, a uma altitude de 1139 m acima do nível do mar, com Invernos definidos, com temperaturas no inverno inferiores a 0,0 °C e no período primavera-verão com temperaturas superiores a 40,0 °C, com uma média mensal de 20,4 °C. A precipitação anual não ultrapassa os 264 mm por ano, sem que haja períodos exactos para esta precipitação, o que significa que, para o desenvolvimento das plantas, devem ser concebidos sistemas de irrigação para abastecimento de água, de preferência com águas residuais tratadas.

I.3 Danos causados pelo frio devido ao efeito das temperaturas mais baixas no inverno.

Quanto aos problemas de danos por frio, mencionarei que este é produto da diminuição da temperatura ambiente causada pela estação do ano que corresponde ao inverno, no que diz respeito à Comarca Lagunera os invernos são considerados definidos, isto é, ocorrem desde o mês de dezembro até o mês de março, as geadas precoces são aquelas que ocorrem antes do início do inverno e as geadas tardias são aquelas que ocorrem após o inverno ter decorrido, as mais prejudiciais às espécies vegetais são as geadas tardias porque são aquelas em que as plantas já brotaram ou estão prestes a brotar, isso é válido para espécies de plantas decíduas ou espécies adaptadas à região que podem tolerar temperaturas abaixo de zero graus Celsius.

I.4 Mecanismos fisiológicos de tolerância a baixas temperaturas em espécies vegetais

A tolerância das plantas às baixas temperaturas, tanto as caducifólias como as perenes, que são aquelas que perdem ou mantêm as folhas no inverno, respetivamente, é definida pela sua tolerância às baixas temperaturas (inferiores a zero graus centígrados), Esta tolerância, por sua vez, é considerada caraterística da espécie e é produto da sua fisiologia, uma vez que o plasma celular não congela a temperaturas inferiores a zero graus, devido ao seu elevado potencial osmótico, que em termos coloquiais significa a quantidade de sólidos totais contidos no suco celular. Quanto maior for a concentração de sólidos solúveis na célula, maior será a sua resistência ao frio, porque o seu ponto de congelação é muito inferior a zero graus Celsius, podendo ser de -10C a -20C, dependendo da espécie e da sua adaptação ao meio. Recentemente, na Comarca Lagunera, a temperatura mais baixa registada foi de -8.^{0}50C, o que nos deu uma ideia de quais espécies de plantas poderiam ser altamente tolerantes, moderadamente tolerantes ou não tolerar temperaturas abaixo de 0 C, tais espécies de nativas, Tabela 1, introduzidas Tabela 2, de origem ripária (Rio) Tabela 3, árvores frutíferas Tabela 4, e tipo de palmeira Tabela 5, que são encontradas na Comarca lagunera são mostradas neste trabalho, isto para nos dar uma ideia especialmente do ponto de vista do uso urbano em parques, jardins, avenidas, ruas, etc.

I.5 Como é que o frio causa danos às espécies vegetais.

^{0}A água congela a 0 C, isto quando é uma condição de água destilada ou purificada, que não contém sólidos em suspensão, nem orgânicos nem inorgânicos, e quando contém sólidos, o ponto de congelação pode mudar. ^{00}Nas espécies vegetais, o citoplasma ou suco celular contém regularmente sólidos em suspensão, de modo que o dano nas espécies varia de 12 C a -20 C, dependendo da adaptabilidade, do estado da sua folhagem ou da sua fisiologia, nas espécies originárias de zonas desérticas e semi-desérticas os pontos de congelação são regularmente inferiores a 00C.

Uma vez atingido o ponto de congelação a nível celular por efeito da diminuição da temperatura, que tanto pode ser devido a uma condição de ventos de norte como por efeito de uma descida da pressão atmosférica, que no primeiro caso se designa por geada branca e no segundo por geada negra, a molécula de H2O, ou seja, a água, cristaliza-se formando uma espécie de "V" em que o ponto central é o oxigénio e os vértices são as duas moléculas de hidrogénio, Num ângulo que varia de 45° a 90°, forma um cristal com arestas vivas, provocando, quando se dá o processo de adesão, a mobilidade dessas arestas causando uma rutura das paredes celulares considerada como uma PLASMOLISE, que provoca uma desordem funcional da célula e consequentemente a morte, depois dos tecidos e finalmente dos órgãos, e portanto da espécie vegetal. Este fenómeno ocorre após o frio ter passado e a temperatura ambiente começar a subir, ou seja, quando o frio é intenso não é prejudicial até que a temperatura suba ou as células entrem em contacto com os raios solares e morram.

A forma de verificar os prováveis danos provocados pelo frio consiste

simplesmente em fazer cortes escalonados na casca das árvores e, quando os tecidos são castanhos, o dano já foi causado, e quando os tecidos ainda mantêm a cor verde normal da espécie vegetal, o dano já foi causado.
o tecido ainda está vivo.

II. Lista de espécies ornamentais, adequadas para transplante em zonas urbanas

Não	Nome comum das plantas Nativo	Nome científico
1	Acácia salicina	*Acácia salicina*
	Acácia agujeta	*Acacia stenophylla*
	Ahuehuete ou Sabino	*Taxodium mucronatum*
	Choupo prateado	*Populus alba*
5	Alfarroba	*Ceratonia siliqua*
	Anacahuita	*Cordia boissieri*
	Casuarina	*Casuarina equisetifolia*
8	Ébano	*Diospyros texana*
	Cipreste	*Cupressus semprevivens*
10	Carvalho vermelho	*Quercus agrifolia*
	Carvalho perene	*Quercus spp*
	Eucalipto	*Eucalipto oblíquo*
	Ficus	*Ficus spp*
	Freixo americano	*Fraxinus americana*
	Freixo comum	*Fraxinus excelsior*
	Gravilha	*Grevillea robusta*
	Huizache	*Vachellia farnesiana*
	Lágrimas de São Pedro	*Tecoma stans*
	Loureiro-da-índia	*Ficus microcarpa*
	Lila	*Melia azedarach*
21	Mesquite	*Prosopis juliflora*
	Mesquite chilena	*Prosopis chilensis*
23	Algaroba estrangeira	*Prosopis glandulosa*
	Vime	*Chilospsis linearis*
25	Blackberry	*Morus spp.*
26	Palo branco	*Prosopis alba*
	Palo verde	*Parkinsonia spp*
	Pata de vaca	*Bauhinia forficata*
29	Pinabete	*Cupressu arizonicas*
30	Pinguico	*Ehretia tinifolia*
31	Pinheiro pinheiro	*Pinus cembroides*

	Pirul	*Schinus molle*
	Chupa-chupa chinês	*Schinus terebinthfolius*
	Salgueiro	*Salix lasiolepis*
35	Salgueiro-chorão	*Salix babyilonica*
	Tabacaria	*Delonix regia*
	Trovão em forma de árvore	*Ligustrum lucidum*

III. Descrição das espécies de plantas ornamentais para zonas urbanas

N.º 1

a) **Nomes comuns**;
Acácia, e acácia com folhas de salgueiro, coba, salgueiro nativo e acácia negra.
b) **Nome científico**;
Acácia salicina
1. Nome vulgar: AcáciaNome científico: *Acacia salicina*
c) **Descrição da espécie**; É uma planta originária da Austrália, é vulgarmente conhecida como Acácia e casualmente é chamada de salgueiro folha, isto porque as folhas e ramos pendem como um salgueiro-chorão. É uma árvore de altura considerável, perene que pode crescer até cerca de 15 metros de altura com uma longevidade de até 50 anos, a sua floração começa no início de outubro até janeiro, formando vagens que são aquelas que contêm as sementes, sendo estas de cor negra viva com um aro carmesim.
d) **Características do solo para esta espécie**; Uma das utilizações desta espécie é o facto de poder ser plantada nas margens dos rios com o objetivo de estabilizar o processo de erosão hídrica.
e) **Necessidades hídricas**; pode desenvolver-se em regiões onde a pluviosidade oscila entre 375 e 550 mm anuais, sendo necessária sobretudo nos primeiros anos a rega constante de água estacionária, e quando estas espécies crescem são resistentes a baixos teores de humidade no solo, pelo que podem desenvolver-se e manter-se com a pluviosidade referida.

f) **Resistência a temperaturas baixas e altas**; tolera temperaturas até
-6 e 7 graus centígrados (2), tolerante a temperaturas elevadas com elevada
intensidade luminosa

g) **Recomendações para plantio em áreas urbanas**; Por ser uma espécie que
uma vez desenvolvida, suas necessidades hídricas são baixas, é amplamente
recomendada para reflorestamento de áreas urbanas e para uso em parques e
jardins, devido à excelente sombra que proporciona e também por ser uma
planta visualmente muito atraente por se assemelhar às características de um
salgueiro, inclusive em várias regiões de zonas áridas e semi-áridas é chamada
de salgueiro do deserto. A acácia é excelente para a criação de paisagens em
zonas secas (9).

h) Referências:

2. jardim no centro da cidade de cerefree 2008. Lista de identificação das
plantas.

Wayback Macine.

9. Acacia salicina (http/www.csu.edu.su/herbarium/acacssali_sws.html)
Csu.edu.au

a) **Nomes vulgares**; Acacia agujeta, Acácia-da-serra
b) **Nome científico**;
Acacia stenophylla
2. Nome comum: Acacia agujeta Nome científico: *Acacia stenophylla*
c) **Descrição da espécie**; É considerada uma árvore de folha perene nativa da Austrália. O tamanho da planta varia de arbustiva a alastrante (4), atingindo alturas até 20 m. A casca é cinzento-escura a enegrecida com ramos lisos que reflectem a cera e por vezes angulares. A casca é cinzento-escura a negra, com ramos lisos que reflectem a cera e por vezes angulosos. Os folíolos são alongados, em forma de cinta e variam de 15 a 40 cm e de 2 a 10 mm de diâmetro. Gera inflorescências em forma de racemo, em que as cabeças das flores são branco-creme ou amarelo-pálido. Após a fecundação das flores, formam-se vagens alongadas de até 30 cm de comprimento e cerca de 10 a 12 mm de largura, com uma textura coriácea e semelhante a couro, cuja floração ocorre no outono.
d) Os solos aos quais se adaptou perfeitamente são os de textura fina, de origem aluvial, com argilas ricas em ferro, tolera pH elevado, ou seja, acima de 7,0, com características de salinidade, embora esta caraterística não seja muito apreciada pela espécie, pois não é muito tolerante aos sais, adapta-se perfeitamente aos solos das zonas áridas e semi-áridas do mundo.
e) **Necessidades hídricas**: Esta espécie, devido à sua constituição foliar, necessita de pouca água, no entanto, durante os primeiros anos de crescimento é necessário regar até duas vezes por semana e, uma vez adaptada às condições climáticas, a rega é espaçada por um período de tempo mais longo, o que é um fator importante porque se encontra regularmente em zonas áridas e semi-áridas do mundo, embora seja escassa. Necessita de cerca de 400 mm por ano (8).
f) **Resistência a baixas e altas temperaturas**: Esta espécie desenvolveu-se naturalmente em climas quentes e áridos, embora se tenha verificado que

também cresce em zonas sub-húmidas. Tolera temperaturas de 35 a 49 graus Celsius no extremo sul, e baixas temperaturas entre 4 e 7 graus Celsius, temperaturas abaixo de zero graus Celsius podem ser toleradas desde que não sejam por períodos prolongados.

g) Recomendações para plantação em zonas urbanas; Para zonas urbanas é recomendada como planta ornamental, mas apenas pela sua aparência, pois não fornece regularmente muita sombra devido às suas características foliares, no entanto, é apreciada pela cor das suas folhas e pelas suas inflorescências vistosas, não levanta regularmente os pavimentos e não prejudica os sistemas de drenagem e de condução das redes de cablagem e de eletricidade.

h) Referências:

4. Flora de Vitória 2020. Vicflora.rbg.vic.gov.au.

Pedley, L. 1992. Corrigenda-A further note on acacia aneura (Mimosideae): leguminoseae).

N.º 3

a) **Nomes comuns**;

Sabino, ahuehuete, cipreste mexicano, cipreste de Montezuma e ahuehue

b) **Nome científico**;

Taxodium mucronatum

3) Designação comum: Sabino Designação   científica: *Taxodium mucronatum*

c) **Descrição da espécie**; o ahuehuete na língua Nahuatl significa "árvore de água velha", sendo uma espécie arbórea, é nativa do México, do sul do Texas e do nordeste da Guatemala, (3) é considerada uma árvore nacional no México, pela sua beleza, longevidade, grandes dimensões e qualidades tradicionais, bem como sagradas, onde fez parte de lendas e da história. São árvores de grande longevidade, atingindo centenas de anos de antiguidade, são árvores frondosas, com troncos de diâmetros consideráveis, entre 2 e 14 metros, podendo algumas atingir alturas de até 40 metros. As folhas estão dispostas em espiral, com 1 a 2 cm de comprimento e 1 a 2 mm de largura, e produzem as suas sementes nos pinheiros entre agosto e novembro. Habitam habitualmente as margens de rios e lagos, ribeiros e riachos submersos em água. Vivem regularmente em altitudes de 300 a 2500 metros acima do nível do mar, embora também possam crescer a altitudes mais elevadas (1 e 2).

d) **Características dos solos para esta espécie**; crescem regularmente em solos aluviais, ou seja, solos de origem aluvial de argila arrastando para os cursos de água, estes são de elevada fertilidade e ricos em matéria orgânica, com quantidades consideráveis de arenitos, pois são necessários solos bem drenados e profundos, isto porque atingem alturas consideráveis.

e) Necessidades de água: crescem regularmente em locais onde as condições de água são abundantes. É raro encontrar este tipo de árvore fora do seu habitat, que se situa entre rios e lagos, pelo que as suas necessidades de água são elevadas. Pode ser encontrada em parques e jardins, mas necessita de muita água para crescer e prosperar.

f) Resistência a baixas e altas temperaturas; As condições de temperatura são variáveis, tolerando temperaturas até 40 graus Celsius e baixas temperaturas até -10 graus Celsius, uma vez que contêm sempre concentrações elevadas e constantes de água.

g) Recomendações para plantação em zonas urbanas; Apenas se houver espaço suficiente para o seu crescimento prolongado, e água suficiente para as manter sempre com elevados níveis de hidratação, são árvores com sombra abundante e uma excelente apresentação visual. Não são recomendadas para pavimentos devido ao seu volume de folhagem e altura.

h) Referências:

1. União Internacional para a Conservação da Natureza 2022. Taxodium mucronatum.

2. Sternberg, G; James Wesley Wilson 2004. Native trees for North American Landscapes.p.476.

3. Frailish, J.S. e Scott, B. Franklin. 2022 Taxonomy and Ecology of Wood plants in North American Forests. P. 123.

a) Nomes comuns;
Choupo prateado, choupo afegão, choupo branco, choupo branco, choupo comum, choupo branco
b) Nome científico;
Popuhlus alba (1)
4. Nome comum: Choupo prateado Nome científico: *Popuhlus alba*
c) Descrição da espécie: Originária do Paleártico Ártico, a sua distribuição natural é na Península Ibérica e em Marrocos e encontra-se regularmente em grande parte da Europa, podendo também crescer em zonas temperadas da América do Sul e do México. É considerada uma árvore caducifólia de crescimento longo e arredondado, de crescimento rápido até 3 m de altura e que gera diâmetros de tronco até 1 m. Tem um sistema radicular forte. A casca é lisa, branco-acinzentada, com cicatrizes negras nos ramos velhos. As folhas são simples, caducas, alternas, ovais e palmadas, com bordos dentados, cobertas na face inferior por uma densa camada de pêlos felpudos esbranquiçados, as jovens brancas e peludas e as adultas com a face superior verde-escura e a face inferior branca, com lâmina muito polimorfa. As sementes são arredondadas ou ovais, ligeiramente lobadas. Os amentilhos são pendentes, os amentilhos masculinos têm 3 a 6 cm de comprimento e os femininos são mais compridos e mais finos. As flores masculinas são avermelhadas e as femininas são amarelo-esverdeadas. Os frutos são cápsulas bivalves ovóides e lampinas.
d) Características do solo para esta espécie; crescem perfeitamente em solos de textura argilosa, ricos em fertilidade e húmidos, na proximidade de rios, no entanto, podem crescer em solos arenosos e solos que suportam encharcamento, devido à água do mar no seu sistema radicular, podem também desenvolver-se

em solos pobres e calcários.

e) Lido com necessidades ricas; requerem quantidades significativas de água, mesmo suportando água salgada, ou seja, estando perto do mar, estas espécies são utilizadas como escudos de defesa perto do mar.

f) Resistência a baixas e altas temperaturas; suporta bem o frio, desde que a temperatura não seja baixa e durante muito tempo, suporta também o calor excessivo, basta não faltar a água.

g) Recomendações para a plantação em zonas urbanas; O seu crescimento radicular é excessivamente grande e forte, pelo que não deve ser plantada em passeios ou junto a edifícios e instalações de cabos. São cultivadas como árvores ornamentais, mas necessitam de grandes jardins em avenidas, pelo seu aspeto agradável devido às suas mudanças de cor, do verde ao branco simulando uma cor prateada e pela boa sombra que oferecem,

h) Referências:

1. Charles Linnaeus. 1753. Descrição da espécie. Species Plantarum. 2:1034.

a) Nomes comuns: alfarroba, alfarroba branca, alfarroba cacha, alfarroba selvagem, etc. ....

b) Nome científico;

Ceratonia siliqua

5. Nome comum: Alfarroba Nome científico: *Ceratonia siliqua*

c) Descrição da espécie; Os nomes nascem da figura da água esta

O fruto tem um epitélio córneo, que significa chifre em grego. É uma árvore de até 1 metro de altura, variando de 5 a 6 metros, é dióica com folhagem sempre verde. Tem folhas paripinadas verde-escuras com 10 a 20 centímetros de comprimento. As flores são pequenas e comprimidas, de simetria radiada, de cor verde amarelada em cachos calcogénicos e erectos que saem das folhas mais velhas da árvore. É bastante rústica e resistente à seca, de desenvolvimento lento e atinge a maturidade adulta entre os sete e os dez anos, estando completamente madura entre os quinze e os vinte anos. O seu fruto é uma vagem (7), coriácea de cor castanha escura com cerca de 3 cm de comprimento, que contém uma polpa gomosa de sabor doce e agradável e é utilizada como forragem. Estes frutos podem ser colhidos quando as árvores adultas produzem até 90 ou 200 kg, e são colhidos em agosto (13).

d) Características do solo para esta espécie; requer solos rústicos, ou seja, de baixa fertilidade e pouco profundos. Devido à natureza do seu crescimento.

e) Necessidades hídricas: toleram secas prolongadas, ou seja, não necessitam de muita água para o seu crescimento e desenvolvimento.

f) Resistência às baixas e altas temperaturas; Embora seja uma árvore perene, é necessário ter o cuidado de a proteger do frio desde cedo e, quando está em pleno crescimento, pode tolerar temperaturas inferiores a zero graus centígrados, embora não por períodos prolongados.

g) Recomendações para plantio em áreas urbanas; É recomendada para regiões com baixa umidade relativa do ar e tolera longos períodos de seca, solos austeros. Este é sem muita fertilidade e pobre em matéria orgânica, são árvores vistosas, embora de altura média, por sua cor verde intensa das folhas, dá boas sombras. São também recomendadas para regiões com temperaturas baixas, devido à sua tolerância quando já estão desenvolvidas. Também se desenvolvem bem em regiões quentes, com bom crescimento e boas condições de sombra.

h) Referências:

7.Gaffiot F., 1934. Dicctionnaire latm-Francais Hacheette Paris. P. 1442.

Ceratonia siliqua .   2009 .Plantasutiles   .

(http://www.linneo.net/plut/index2.htm)

a) Nomes comuns;
Anacahuita, Anacahuite, Cueramo, Rasca Viejo, trompillo e oliveira selvagem
b) Nome científico;
Cordia boissieri
6. Nome vulgar: AnacahuitaNome científico: *Cordia boissieri*
c) Descrição da espécie; É uma pequena árvore ou arbusto que pode atingir uma altura máxima de até 6 metros, possui folhas perenes, com casca fina, suas folhas são ovais e atingem até 12 centímetros de comprimento. A sua floração inicia-se no final da primavera e até ao início do verão, podendo mesmo a sua floração em algumas regiões ocorrer durante todo o ano, sendo estas flores de cor branca, com o seu interior de cor amarela, são grandes dando um aspeto agradável no início da primavera. O fruto é redondo e de cor amarelo-esverdeada, semelhante ao da oliveira, daí o seu nome de oliveira brava, com cerca de 2,5 cm de diâmetro e contém quatro sementes. O fruto é ligeiramente tóxico e pode causar tonturas. Está amplamente distribuída em regiões do México como La Sierra Madre Oriental, Nuevo León, Tamaulipas, San Luis Potos^ e Hidalgo no México (1).
d) Características do solo para esta espécie; Pode ser desenvolvido perfeitamente em solos calcários rústicos leves, ou seja, de baixa fertilidade,
e) Requisitos de água: Tolera a seca prolongada, esta é uma das suas principais características, no entanto, é importante ter cuidado nos primeiros anos para lhe fornecer a humidade necessária,
f) Resistência a temperaturas baixas e altas; tolera temperaturas baixas, mas não por períodos prolongados abaixo de zero graus Celsius, e tolerância a temperaturas acima de 40 graus Celsius também pode ser tolerada, mas é

importante fornecer água quando esta é uma condição climática continuamente recorrente.

g) Recomendações para a plantação em zonas urbanas: Devido à sua tolerância a baixas e altas temperaturas, é recomendada para quintais e reflorestações em zonas urbanas, já que também são agradáveis de ver quando florescem e não são muito altas. No caso do sistema radical, não teremos qualquer problema em levantar passeios ou afetar o sistema de drenagem e a cablagem.

h) Referências:

1. CONAVIO. 2009. Catalogo taxonomico de especies de Mexico. Cidade do México. In Capital Nat. México.

a) Nomes
comum; Casuarina (1), pinheiro australiano, pinheiro-manso, árvore da tristeza, Casuarina cavalinha.
b) Nome científico;
Casuarina equisetifolia
7. Nome comum: Casuarina Nome científico: *Casuarina equisetifolia*
c) Descrição da espécie; A sua altura pode atingir os 25 ou 30 metros, com casca dividida em faixas longitudinais, esta casca tem muitos taninos. A sua folhagem faz com que pareça uma cornífera, mas não o é, pois tem folhas finas, semelhantes às das aticulas do pinheiro, mas a diferença é que são septadas, os seus caules são verdes, semelhantes aos das espécies de equisetum, medindo 10 a 20 centímetros de comprimento, As flores são unissexuais, pouco vistosas e de tamanho pequeno, esta espécie é monóica, pois possui flores masculinas e femininas em diferentes partes da planta, e quando fecundadas formam um falso abacaxi, globoso, que contém os frutos, cujo tamanho varia de 5 a 8 mm de diâmetro. Multiplica-se muito bem por sementes, sendo as sementes viáveis por até 2 anos, sendo uma árvore que atinge grande altura.
d) Características do solo para esta espécie; Cresce em margens arenosas xéricas, em solos salgados e calcários, bem como nas montanhas em zonas pesadas, em solos pluviais com características vulcânicas, bem como em solos marginais (3). As plantas estão muito bem ancoradas ao solo e têm propriedades alelopáticas.
e) Necessidades hídricas: Sendo uma espécie austera que tolera solos pobres a aluviais, pode tolerar secas, embora estas não devam ser muito prolongadas.
f) Resistência a temperaturas baixas e altas; tolera temperaturas baixas mas

não durante muito tempo, especialmente quando as árvores estão no mesmo sítio há mais de 5 anos. Também tolera temperaturas elevadas, embora por pouco tempo, devido à sua semelhança com as moscas do milho, que se desenvolvem em altitudes elevadas.

g) Recomendada para o plantio em áreas urbanas, é muito útil para o reflorestamento de áreas rurais e urbanas nas regiões tropicais, subtropicais e temperadas. Fixa o nitrogênio atmosférico como uma leguminosa e é uma árvore de rápido crescimento. Possui micorrizas ou associação de fungos com o r;u'z, tendo um crescimento rápido devido à fixação do azoto atmosférico. É importante mencionar que para o seu reflorestamento é necessário muito cuidado, pois os galhos desta espécie são muito frágeis e podem causar danos aos pedestres, principalmente em épocas de ar intenso ou tolvaneras.

h) Referências:

1   Valdes, M., A.C. Rodrigo; M. A. Leyva; e A.D. Camacho. Rodrigo; M. A. Leyva; e A.D. Camacho. 2004. Promoção do crescimento em viveiro de *Casuarina equisetifolia* por microorganismos simbiontes. Chapingo, México.

3   . C. Y. Wu, P.H. Raven e D. Y. Hong 1999. Comité Editorial da Flora da China. China Science Press e Missouri Botanical Garden Press. 4:1-453.

a) Nomes vulgares;
Ébano, chapote, chapote manzano ou chapote prieto.
b) Nome científico; *Diospiros texana.*
8. Nome comum: Ébano Nome científico: *Diospiros texana*

    c) Descrição da espécie; nativa do centro e oeste do Texas, EUA, bem como na parte ocidental de Chihuahua, Coahuila e Nuevo Leon (3). Trata-se de uma árvore ou arbusto de grande porte (2), com uma longevidade de 30 a 50 anos, que pode atingir 12 m de altura, de casca cinzento-avermelhada clara, com folhas esclerófilas, ovais, verde-escuras, de 2 a 3 cm de largura, com a face inferior coberta de pêlos finos e a superior verde brilhante, com ramos com espinhos. As árvores são de folha caduca, tornando-se espécies de folha perene. É uma planta dióica, produzindo flores brancas de março a abril. É uma planta dióica, produzindo as suas flores de março a abril, de cor branca, que se esfoliam a partir de amentilhos femininos e dão frutos em bagas muito duras.

d) Características do solo para esta espécie; cresce em margens de prados ribeirinhos e encostas rochosas, preferindo solos bem drenados e alcalinos.

e) Necessidades hídricas: Tolera longos períodos de seca, mas na sua fase inicial é importante manter o solo húmido durante o seu desenvolvimento e, quando atinge a maturidade, a rega pode ser adiada até um mês, para que se possa desenvolver adequadamente.

f) Resistência a baixas e altas temperaturas; tolera temperaturas abaixo de zero graus Celsius, mas não por períodos prolongados, e temperaturas acima de 40 graus Celsius são toleráveis para esta espécie, desde que tenham um teor de humidade adequado.

g) Recomendações para plantações em zonas urbanas; É uma espécie chamativa pelas cores verdes brilhantes das suas folhas, embora os seus ramos tenham espinhos especialmente no seu período juvenil, dão uma grande sombra, não são espécies muito limpas porque os pássaros preferem-nas para fazer os seus ninhos gerando sempre esta sujidade, no entanto, ao darem um bom excedente se forem necessárias para reflorestar tanto zonas urbanas como rurais.

h) Referências:

2.	Universidade do Texas em El Paso.2006. Caqui do Texas. Plantas do deserto de Chihuahua.

3.	Watson, George, 1938. Nahuatl Words in American English. American Speech 13 (2): 113-114 pp.

a)   Nomes comuns;
Cipreste, cipreste comum ou cipreste mediterrânico
b) Nome científico;
Cupressus sempervirens
9. Nome comum: CipresteNome científico: *Cupressus sempervirens*
c) Descrição da espécie; É uma espécie de árvore de folha persistente do género
É também conhecido nos Estados Unidos como cipreste italiano, porque é muito comum em Itália, embora não seja originário dessa região. Atinge uma altura de 25 a 30 metros, mas pode chegar aos 42 metros. As suas folhas apresentam-se em pequenos ramos em forma de escamas de 2 a 5 mm de comprimento, formando uma folhagem densa de cor verde escura. Os ramos são finos, cilíndricos e de cor verde-escura. Os frutos são pequenas pinhas ou cones cinzento-esverdeados, com 2 a 3 cm de diâmetro, que adquirem um aspeto lenhoso quando maduros. As conchas desenvolvem-se na primavera e amadurecem no outono do ano seguinte à polinização, cerca de 20 meses depois. O tronco é direito e atinge até 1 metro de diâmetro e, com algumas excepções, foram encontradas árvores com até 3 metros de diâmetro. A casca é fina e lisa, de cor cinzenta acinzentada nas árvores jovens e com a idade passa a castanha escura com fissuras longitudinais. As suas raças são horizontais, superficiais e alongadas, que são as secundárias. A sua estrutura é horizontal com ramificações alargadas que dão um aspeto de cedro ou de pinheiro, piramidal, com forma colunar. É também considerada uma planta medicinal, sendo utilizada em infusões como tratamento de varizes, úlceras varicosas,

hemorróidas e problemas da próstata (4).

d) Características do solo para esta espécie: tolera solos ácidos e alcalinos, suporta solos arenosos e compactados, rejeita solos húmidos ou arenosos.

e) Necessidades hídricas: Como se desenvolve em zonas mediterrânicas, necessita de humidade constante, embora não seja muito tolerante à seca, devendo chover no verão para o seu normal desenvolvimento.

f) Resistente a temperaturas baixas e altas; prospera em regiões com verões quentes e colhe em invernos húmidos e chuvosos. Pode desenvolver-se em zonas frias com verões mais húmidos, com climas temperados subtropicais de altitude, com chuvas de verão como no México. Devido à sua simbologia funerária, os cemitérios costumam ter os melhores exemplares. Tolera muito bem o calor e a sombra, onde a árvore precisa de sol. Tolera muito bem o frio até 15 graus centígrados negativos, sendo que algumas árvores adultas toleram temperaturas mais baixas.

g) Recomendações para plantação em zonas urbanas; É utilizada como árvore ornamental devido à sua estrutura piramidal, sendo também utilizada como quebra-vento devido à sua estrutura firme e vertical. Devido ao seu porte, é utilizada para decoração de parques e jardins.

h) Referências:
4. Idarraga-Piedrahfta, A., R. D. C. Ortiz, R. Callejas Posada & M. Merello (eds.) 2011. Fl. Antioquia: Cat. 2: 9-939. Universidade de Antioquia, Medellm

a) Nomes vulgares; carvalho vermelho, carvalho da Califórnia (1) ou carvalho da costa

b) Nome científico;
Quercus agrifolia

10. Nome comum: Carvalho vermelhoNome   científico: *Quercus agrifolia*

c) Descrição da espécie; Está classificada na secção dos carvalhos vermelhos. Esta espécie apresenta-se verde nas estações primaveris até ao final do verão, depois, devido à sua condição caducifólia, torna-se vermelha e depois castanha até ficar completamente nua no final do outono e início do inverno, quando as temperaturas são baixas e os fotoperíodos são curtos. Na maturidade, atinge alturas de 10 a 25 metros, podendo alguns exemplares atingir 250 anos de idade, com troncos de até três ou quatro metros. As suas folhas são verdes, curvas, semelhantes às do ácer canadiano, com 2 a 7 cm de comprimento e 1 a 4 cm de largura. As flores são produzidas no início ou em meados da primavera, o fruto é uma bolota fina e castanha, que amadurece entre 7 a 8 meses após a polinização. Podemos encontrá-la em latitudes elevadas até mais de 2000 metros acima do nível do mar, o que a limita a desenvolver-se em altitudes mais baixas com as restrições de um crescimento mais lento.

d) Características do solo para esta espécie; é uma espécie florestal, desenvolve-se perfeitamente em solos bem drenados nas colinas e nas mesas costeiras, perto de cursos de água, e pode também desenvolver-se perfeitamente em florestas sempre verdes.

e) Necessidades hídricas; devido ao seu estado florestal, a sua necessidade de água é baixa, especialmente quando a árvore está desenvolvida, os primeiros anos de crescimento e desenvolvimento requerem água constante.

f) Resistente às baixas e altas temperaturas; cresce em climas invernais, não muito frios, e verões não muito quentes, tolerando um pouco de humidade marítima.

g) Recomendações para plantações em zonas urbanas; é amplamente recomendada para a reflorestação de zonas urbanas e rurais, sendo atractiva devido ao tipo de folhas e à sua variação de cor que vai do verde avermelhado ao castanho com o passar dos meses até ao inverno, para além de proporcionar uma sombra perfeita e não danificar os pavimentos nem o sistema radicular quando colocada em floreiras ou quintais.

h) Referências:
1. Abrams, L. 1923. Ferns to Birthworts. 1: 1-557. Em L. Abrams (ed.) Ill. Fl. Pacific States. Stanford University Press, Stanford

a) Nomes
comum; carvalho perene
Azinheira verde ou meridional
b) Nome científico;
Quercus virginiana
11. Nome C.: Carvalho de folha persistente Nome científico: *Quercus virginiana*

c) Descrição da espécie; É uma árvore perene, ou seja, mantém sempre a sua folhagem, mesmo que as suas folhas percam todas as folhas e caiam, mas as novas folhas já estão a substituir as caídas. É nativa do sul dos EUA e do norte do México. Atinge uma altura média de 15 a 20 metros, o tronco de um adulto pode atingir 1,2 a 2 metros de diâmetro, tem uma casca rugosa e fissurada (1), com raízes profundas, pois propaga-se por sementes. Os rebentos jovens têm uma pelagem clara e esbranquiçada, os ramos adultos tendem a estender-se horizontalmente, com uma folhagem densa, formando uma copa redonda ou larga. As folhas são largas, cotanilhosas e grossas, com ápices arredondados. Apresenta pecíolos de 5 mm de comprimento, com margens das folhas curvas, verde-escuras brilhantes e lustrosas, podendo perder as folhas em caso de seca prolongada ou de longos períodos de frio. As flores masculinas aparecem em cachos pendentes de 7 a 10 cm de comprimento, as flores femininas são solitárias ou em grupos de 2 ou 3 (2). Os frutos têm a forma de bolotas que aparecem em setembro e caem no solo em novembro e dezembro. São ovais, até 2,5 cm de comprimento, cobertos por uma cúpula de escamas peludas, dispostas em grupos de 3 a 5.

d) Características do solo para esta espécie: cresce em solos ácidos ou alcalinos, planos e com declive acentuado e é tolerante ao sal, pelo que pode desenvolver-se em climas de floresta costeira, mas não tolera ventos marítimos.

e) Devido às suas características florestais, podem desenvolver-se em locais onde a água é escassa e não são muito tolerantes à seca nos anos seguintes do seu crescimento e desenvolvimento, no entanto, enquanto jovens, são exigentes em termos de humidade constante.

f) Resistência às baixas e altas temperaturas; tolera as baixas temperaturas por ser uma árvore florestal, e mantém a sua folhagem no inverno mesmo quando as temperaturas são baixas, por outro lado, tolera as altas temperaturas desde que esteja bem hidratada.

g) Recomendações para o plantio em áreas urbanas; são recomendadas para quintais urbanos e rurais, pois chamam a atenção pela cor verde de suas folhas, embora tenham crescimento lento, uma vez que crescem geram seu sistema radical, mas crescem em profundidade, o que as torna viáveis para uso em ruas, pois não são perigosas para levantar calçadas.

h) Referências:

1. QUERCUS VIRGINIANA Mill. 2018.
2. VIRGINIA OAK: *Quercus virginiana*". 2018.

N.º 12

a) Nome comum;

Eucaliptos e eucaliptos

b) Nome

científico;

Eucalipto obliqua

12. Nome comum: Eucalipto Nome científico: *Eucalyptus obliqua*

c) Descrição da espécie; Pertence à família das mirtáceas,

Estas espécies são consideradas plantas medicinais, perenes, de hábito retilíneo, podendo estas árvores atingir até 60 m de altura, sendo referido na literatura que foram encontrados exemplares até 150 m de altura (7). A casca exterior é geralmente castanha, castanha clara com um aspeto de pele, descascando em tiras e deixando manchas cinzentas ou acastanhadas na casca inferior mais lisa (8). As folhas são sésseis, ovais, acinzentadas e falciformes, alongadas, verde-azuladas brilhantes quando adultas, contendo um óleo essencial com um odor balsâmico caraterístico, que é um poderoso desinfetante natural. A madeira pode ser utilizada para postes de vedação, bem como para a produção de papel e biocombustíveis.

d) Características do solo para esta espécie; o eucalipto produz

acidificação dos solos e diminui o teor de argila (23).

e) Necessidades hídricas: Por serem espécies de grande porte e com grande sistema radicular, recomenda-se água em abundância, especialmente na fase inicial, e por terem um sistema radicular profundo, quando são grandes exploram uma grande área de solo, pelo que a água está constantemente disponível.

f) Resistência a temperaturas baixas e altas; estas árvores na sua fase adulta não toleram geadas, ou toleram parcialmente temperaturas inferiores a -5 graus Celsius, mas não por longos períodos, embora existam algumas espécies como o eucalipto-das-neves que é capaz de suportar temperaturas tão baixas como -20 graus Celsius, embora existam também algumas espécies que podem tolerar o frio. Estas espécies podem desenvolver-se em climas tropicais e temperados, tolerando temperaturas elevadas, acima dos 35 graus Celsius, mas quando estes limites são ultrapassados começam regularmente a desidratar de cima para baixo.

g) Recomendações para a plantação em zonas urbanas; Basicamente, a sua utilização intensificou-se como barreira corta-vento, embora sejam geralmente frágeis e demasiado altas para serem amplamente utilizadas em parques e jardins, especialmente devido ao risco para os transeuntes que podem causar acidentes quando os seus ramos se partem.

h) Referências:

7. Eucaypt_redemption.2008 Sociedade das Árvores Nativas do Leste.

8. Luzar J. (2007). The Political Ecology of a "Forest Transition": Eucalyptus forestry in Southern Peruvian Andes. *Ethnobotany Research & Applications*.

Korchagin, Jackson; Bortoluzzi, 2019. Edson Campanhola; Moterle, Diovane Freire; Petry, Claudia; Caner, Laurent (2019-04). *CATENA* **175**: 132-143.

Não.13

a) Nomes comuns;

Ficus, árvore de Yucatecan

b) Nome científico;

Ficus spp

13. Nome comum: FicusNome científico: *Ficus spp.*

c) Descrição das espécies; este género contém cerca de 900
espécies de árvores, arbustos e trepadeiras da família *Moraceae,* nativas de
zonas intertropicais, com algumas delas distribuídas em zonas temperadas. A
maior parte delas são perenes. Uma das principais características das espécies
deste género é a secreção leitosa chamada látex, que é segregada quando
qualquer parte da planta é cortada ou ferida. Outra caraterística é o facto de os
gomos terminais das folhas estarem encerrados num par de estípulas,
inicialmente soldadas e depois caducas. As árvores deste género alimentam
numerosas espécies de animais e são consideradas espécies-chave do
ecossistema tropical. Os falsos frutos são estruturas especialmente adaptadas,
denominadas sicones, de forma bulbosa com uma pequena abertura. Estas
estruturas são polinizadas por pequenas vespas de figo, que penetram através da
abertura para as fecundar, dando origem a frutos minúsculos com um núcleo
duro conhecido como aquénio. O figo comum pertence a este género, *Ficus
carica,* dando até três colheitas por ano de frutos palatáveis para o gado. O Ficus
também se reproduz facilmente por estacas. A maioria destas espécies é
polinizada por vespas.

d) Características do solo para esta espécie; n Devido à sua adaptabilidade, tolera vários tipos de solo, no entanto, em solos calcários tende a apresentar deficiências de elementos menores causando amarelecimento severo.

e) Necessidades hídricas: quando as árvores são pequenas, necessitam constantemente de água, mas à medida que se desenvolvem, as árvores maiores toleram alguma falta de água devido ao seu abundante sistema radicular.

f) Resistência a baixas e altas temperaturas; sendo originária de zonas tropicais e subtropicais tolera certas temperaturas acima dos 35 graus centígrados, no entanto, ao desenvolver-se em zonas temperadas não tolera temperaturas abaixo dos zero graus, especialmente por períodos prolongados, provocando a sua morte nesta zona e mesmo a morte do sistema radicular. Nas regiões temperadas já não está a crescer muito devido a esta caraterística.

g) Recomendações para plantação em zonas urbanas; *O Ficus macrocarpa* é utilizado como árvore de sombra nas ruas de muitas localidades, em climas quentes e subtropicais, no entanto nas zonas temperadas estas espécies são consideradas como uma introdução, tendo muito enraizamento nas zonas urbanas com o único inconveniente de que quando crescem demasiado levantam passeios, destroem sumidouros e causam problemas nos cabos eléctricos devido às suas dimensões excessivas..., embora ainda sejam de bom aspeto ornamental devido às suas folhas enceradas e muito boa sombra nestas paragens.

Não. 14

a) Nomes comuns;
Freixo americano, freixo branco, freixo da Carolina, freixo
b) Nome científico;
Fraxinus americana
14. Nome comum: Freixo americano Nome científico: *Fraxinus americana*
c) Descrição da espécie; é uma das mais conhecidas do género *Fraxinus*, tendo a *Fraxinus americana* sido descrita por Charles Linnaeus (5). Pode atingir 35 metros de altura, sendo originária do leste da América do Norte. A madeira é forte, leve e granulosa. As folhas têm 2 a 3 cm de largura, são compostas, pinadas, com 5 a 9 folíolos, 6 a 13 cm de comprimento, tornando-se vermelhas ou púrpuras no final do outono. Esta árvore é caducifólia, a floração ocorre na primavera, o fruto é uma samarra, com 3 a 5 cm de comprimento, com uma asa castanha clara, e pode ser levada pelo vento a longas distâncias. A longevidade oscila em torno dos 100 anos e a madeira é utilizada para tacos de basebol e ferramentas manuais. As raízes são um adstringente, um tónico sudorífico e um diurético.
d) Características do solo para esta espécie; desenvolve-se em qualquer tipo de solo, desde aluvial a calcário, tendo problemas neste último pois não desenvolve bem as suas folhas devido a carências de nutrientes.
e) Necessidades hídricas; toleram certas secas, mas é importante ter em conta que nas fases iniciais é importante que não lhes falte humidade; estas espécies podem suportar a falta de humidade, embora não por muito tempo.

f) Resistência a baixas e altas temperaturas; tolera certas temperaturas até zero graus, mas quando estas são prolongadas costumam causar danos na parte aérea, chegando mesmo a atingir a pele, suporta temperaturas elevadas, acima dos 35 graus centígrados, embora a manutenção nestas condições deva ser a rega constante para que não desidrate.

g) Recomendações para o plantio em áreas urbanas; Devido às suas folhas largas e boas condições de sombreamento, são muito utilizadas em áreas verdes, principalmente em parques e jardins. No entanto, deve-se considerar que as baixas temperaturas podem causar a sua morte, principalmente em regiões onde as temperaturas caem abaixo de zero graus e por períodos prolongados.

h) Referências:

5. *Fraxinus _americana*.2014. Data de consulta. *Tropicos.org. Jardim Botânico do Missouri.*

a) Nome comum;
Freixo comum, freixo do Norte
b) Nome científico;
Fraxinus excelsior
15. Nome comum: Freixo Nome científico: *Fraxinus excelsior*
c) Descrição da espécie; pertence à família das oleáceas, é uma
Árvore originária da maior parte da Europa, principalmente de Espanha, da parte meridional e do norte da Grécia. Espécie caducifólia que atinge até 40 metros de altura, com casca cinzento-acinzentada, lisa e com lenticelas nos ramos e nos exemplares jovens, e fissurada nos adultos. Folhas imparipinadas de cor verde-clara a verde-escura, com 9 a 13 folíolos lanceolados e dentados.
As folhas deste freixo abrem-se no final da primavera e são as primeiras a cair no outono. As inflorescências parnculadas, que surgem antes das folhas, aparecem nas axilas dos ramos do ano anterior. São flores unissexuais, podem ser femininas, merculinas ou hermafroditas, não têm perianto, têm dois estames com anteras ovóides. O fruto é uma vagem alada, lanceolada, com cerca de 28-48 cm de comprimento por 5-10 mm de largura, a semente é fusiforme, de cor acastanhada (4). A madeira é utilizada em marcenaria, tem boa textura e grã direita.
d) Características do solo; para esta espécie; Esta espécie prefere solos férteis, com boa retenção de água, mas bem drenados, sem encharcamento.
e) Necessidades hidrológicas; requer humidade constante, mas não em excesso, em solos bem drenados, os períodos de seca afectam o bom

desenvolvimento desta espécie (2).

f) Resistência a baixas e altas temperaturas; é uma árvore que tolera o frio, ou seja, temperaturas abaixo de zero graus, sem danificar o seu sistema radicular, habitando entre 400 e 1800 metros acima do nível do mar. Embora quando jovem possa tolerar alguma sombra, precisa de estar exposta ao sol,

g) Recomendações para plantações em zonas urbanas; Esta espécie

É cultivada como ornamental, devido à sua grande flexibilidade e resistência à fendilhação, para além de dar boa sombra tem um aspeto agradável, embora a folha seja mais pequena que a do freio americano, é recomendada em parques e jardins por esta caraterística, para além de não danificar drasticamente os pavimentos, pois tem um sistema radicular pivotante e profundo.

h) Referências:

2. Autoecolog^a del fresno comun, Data de consulta 2017.

4. Floraiberica.es. Data de consulta 2017

Não.16
a) Nomes comuns;
Gravilia, carvalho sedoso, carvalho prateado, árvore do fogo e pinheiro dourado
b) Nome científico;
Grevillea robusta

16. Nome comum: Gravilia, Nome científico: *Grevillea robusta*

c) Descrição da espécie; Árvore perene de crescimento rápido, de 15 a 35 m de altura, com folhas verde-escuras, delicadamente dentadas, bipinadas, que lembram frondes de fetos, de 15 a 30 cm de comprimento, com a parte inferior ligeiramente branca-acinzentada. As flores são laranja-douradas, com 8 a 15 cm de comprimento na primavera, em caules de 2 a 3 cm. As sementes frutificam em folículos deiscentes aveludados de cor castanha escura, com 2 cm de comprimento e uma ou duas sementes planas aladas. É muito utilizada para instrumentos musicais como guitarras, incluindo mobiliário de qualidade. As flores e os frutos contêm o tóxico cianeto de hidrogénio (5), pelo que se deve ter cuidado, pois o contacto pode causar dermatite de contacto (6).

d) Características dos solos para esta espécie; Tolera solos calcários, estes com alto teor de carbonatos, necessita de solos profundos e muito férteis isto faz com que quando se tem as suas folhas elas sejam notadas mas brilhantes.

e) Necessidades hídricas: Esta espécie necessita ocasionalmente de água, sendo resistente à seca.

f) Resistência a baixas e altas temperaturas; crescem em zonas temperadas, no entanto, necessitam de proteção contra as geadas nocturnas, quando são jovens, tolerando temperaturas até -8 graus Celsius.

g) Recomendações para plantação em zonas urbanas; devido ao seu grande porte e por ter alguma resistência ao apodrecimento é recomendado para parques e jardins urbanos, tendo excelente sombra e um aspeto agradável, principalmente na época de floração, que é no início da primavera.

h) Referências: 5. Verdcourt, B.; Everist, S. L. (1976). "Plantas venenosas da Austrália". *Kew Bulletin* **31** (1): 191.

6. Menz, Jennifer; Rossi, Ric; Taylor, Wal C.; Wall, Leon (1986-08). "Dermatite de contacto de Grevillea 'Robyn Gordon'". *Dermatite de contacto* **15** (3): 126-131.

Não. 17

a) **Nomes**
comum; Huizache,
aromo e guisache,
b) Nome científico;
Vachellia farnesiana
17. Nome comum: Huizache, Nome científico: *Vachelliafarnesiana*
c) **Descrição da espécie**; Originária da América tropical e cultivada em todo o mundo (2), é considerada um arbusto espinhoso, pequeno, de folha perene e subcaducifólia, com 1 a 2 metros de altura, de forma arbustiva, com 3 a 10 metros de altura, de copa arredondada, folhas bipinadas, alternas, com um par de espinhos estipulados rectos, não espessados na base, com 1 a 2 cm de comprimento, de tamanho total 2-8 cm, O tronco é curto e delgado, bem definido, abundantemente ramificado desde a base, com ramos ascendentes e por vezes horizontais, com casca exterior lisa quando jovem e fissurada quando velha, cinzento-chumbo a cinzento-acastanhado escuro, com lenticelas abundantes. Internamente é de cor creme-amarelada, fibrosa, com acentuado cheiro a alho. As flores são glomérulos amarelos, originários das axilas das estípulas espinhosas, solitários ou em grupos de dois a três. O fruto é uma leguminosa, castanho-avermelhada, dura, com 2 a 3 cm de comprimento, terminando numa ponta afiada. Com folíolos deiscentes que permanecem na árvore após a maturação. As sementes são de cor castanha, dispostas em duas filas, imersas numa polpa esponjosa e esbranquiçada, com uma cabeça

impermeável (4).

d) Características do solo para esta espécie; desenvolve-se perfeitamente em qualquer tipo de solo, desenvolvendo-se bem em solos secos, salinos e mesmo sódicos,

e) Esta espécie é resistente à seca, embora não seja resistente à seca. O desenvolvimento depende basicamente de um bom teor de humidade,

f) Resistência a temperaturas baixas e altas; pode tolerar temperaturas baixas até abaixo de zero graus, por outro lado, requer calor abundante para o seu desenvolvimento ótimo.

g) Recomendações para plantações em zonas urbanas; é utilizado em Na jardinagem como ornamental, e na apicultura pelas suas flores abundantes, também em cercas vivas pela sua resistência e pela quantidade de espinhos que desenvolve até 15 cm de comprimento. Nas zonas urbanas é recomendada pelo seu excedente, desenvolvem ramos profundos mas os seus espinhos são uma desvantagem.

h) Referências:
2. *Acacia farnesiana* (L.) Willd. na Universidade de Purdue, CNCPP
4. *Acacia farnesiana* in Flora Iberica, RJB/CSIC, Madrid *pro parte*
Saltar para[a][b]

Não.18

a) **Nomes vulgares**; Lagrima de San Pedro, tronador ou tronadora.

b) **Nome científico**;

Tecoma stans

18. Nome vulgar: Lágrima de São Pedro Nome científico: *Tecoma stans*

c) **Descrição da espécie**; Encontrada numa grande variedade de ambientes em quase todos os continentes, (1). É um pequeno arbusto ou árvore hermafrodita, perene, de madeira dura e folhas compostas, opostas e serrilhadas. O fruto é alongado, com 7 a 21 cm, de cor verde-acastanhada. A caraterística principal é a flor, com uma corola tubular, em forma de sino, de cor amarela viva, com 3 a 5 cm (2). Os ramos e também o tronco estão divididos longitudinalmente.

É frequente ver ramos secos pendurados na árvore, bem como ramos que se partem e continuam a viver.

d) **Características do solo para esta espécie**: Devido ao seu carácter invasivo, cresce em qualquer tipo de solo, desde o arenoso ao rochoso.

e) **Requisitos hidrológicos**; tolera secas prolongadas e desenvolve-se em qualquer ambiente,

f) **Resistente a temperaturas baixas e altas**; cresce desde as florestas temperadas até às florestas tropicais de folha caduca e de folha perene. Para matos xerófitos e litoral intertropical (2).

g) **Recomendações para plantação em zonas urbanas**; É cultivada como planta ornamental, pelas suas vistosas flores amarelas, tem uma grande variedade de utilizações, e mais de 50 componentes químicos. É amplamente desenvolvida por suas belas flores, para enfeitar ruas e jardins. Tem um potencial invasivo e, ocasionalmente, torna-se uma erva daninha, colonizando rapidamente campos rochosos, arenosos e limpos.

h) Referências: 1. Tecoma stans". *Enciclovida.mx*. Conabio. Acedido em 17 de fevereiro

2020.

2.   Saltar para:[a][b] CONABIO. "Tecoma stans". Acedido em 8 de janeiro de 2017.

Não. 19

a) Nome comum;
Loureiro-da-índia, Yucatecan
b) Nome científico;
Ficus macrocarpa
19) Designação comum: Loureiro-da-índia Designação científica: *Ficus microcarpa*
c) Descrição da espécie; nativa do sul e do sudeste da Ásia,
É considerada uma espécie invasora nestas regiões (2). No México é conhecida como árvore yucatecana. É
uma árvore perene de bom porte e crescimento
rápido, podendo atingir até 15 metros de altura, muito ramificada e com uma copa volumosa. A folha é de cor escura com aspeto coriáceo, é muito brilhante, pode medir de 4 a 13 cm de comprimento, tem flores brancas que emergem das axilas das folhas, são dióicas e produzem pequenos frutos de 1 cm de diâmetro, chamados sicónios, de cor verde que se tornam amarelados a avermelhados quando maduros (3). A polinização é efectuada por uma vespa conhecida como vespa da figueira.
d) Características do solo para esta espécie; adapta-se a todos os tipos de solos, especialmente solos profundos e férteis em regiões temperadas ou calcárias. Nos primeiros anos sofre de certas carências, especialmente de elementos menores, mas à medida que cresce estas carências deixam de ser um problema.
e) Necessitam de água constante, especialmente nas primeiras fases de

desenvolvimento, e à medida que crescem, devido à sua grande área de exploração radicular, toleram certos graus de seca.

f) Resistência às baixas e altas temperaturas; sendo uma espécie de climas tropicais e subtropicais, é muito sensível às baixas temperaturas, sobretudo quando estas são muito baixas e por períodos prolongados, tendendo a morrer mesmo ao nível das raízes. As temperaturas elevadas são muito favoráveis, pois favorecem o seu crescimento rápido.

g) Recomendações para plantação em zonas urbanas; utilizada como árvore de sombra. Em ruas de muitas localidades com climas quentes e subtropicais, em climas temperados tende a crescer a grandes alturas com sombras exuberantes, no entanto não tolera temperaturas abaixo de zero graus e tende a morrer até à raiz, em passeios quando crescem demasiado tendem a levantar, causando danos nos sistemas de drenagem. Devido ao seu grande crescimento, não são aconselháveis na passagem de cabos de luz, a não ser que se efectue um bom programa de poda constante. Também é cultivada como planta ornamental para interiores com o respetivo manejo, inclusive como bonsai.

h) Referências:

2. Plantas do Havai - hear.org

3.$ FLEPPC (http://www.fleppc.org/index.cfm Conselho do Plano de Pragas Exóticas da Florida Arquivado 24 de maio de 2011 no Máquina Wayback).

N.º 20

a) Nomes
comum;   Lila,
canela,   agriaz,
piocha, canelo, pnrniso sombrilla, ou p;ir;n'so tree.
b) Nome científico;

Melia azedarach

20) Designação comum: Lilás Designação científica: *Melia azedarach*

c) Descrição da espécie; Árvore caducifólia de porte médio, de 8 a 15 metros de altura, com tronco reto e curto, a copa atinge 4 a 8 metros de diâmetro, em forma de guarda-chuva, as folhas são opostas, compostas, com pecíolos longos, imparipinadas, de 15 a 45 cm de comprimento, Os folíolos são ovais, acuminados, com 2 a 5 cm de comprimento, verde-escuro na face superior e verde-claro na face inferior, com margem afilada, as flores são pentâmeras, de cor púrpura ou lilás, dispostas em panículas terminais de até 20 cm de comprimento e muito perfumadas. O fruto é uma drupa de 1 cm de diâmetro, de forma globosa, verde e amarelo-pálido quando maduro, com um endocarpo espesso, com uma semente por lóculo, com 1 mm de comprimento por 0,3 mm de largura. Os frutos têm propriedades narcóticas, causando toxicidade dos frutos que pode afetar os seres humanos (5), (6).

d) Características do solo para esta espécie; Adapta-se perfeitamente a solos ácidos ou alcalinos, e tolera um certo grau de salinidade no solo.

e) Requisitos de água; tolera a seca, embora não muito prolongada, no entanto, é importante manter um bom teor de humidade, especialmente durante a estação de crescimento.

f) Resistente às baixas e altas temperaturas; cresce favoravelmente nas zonas quentes e temperadas de todo o mundo, tolera geadas ligeiras, desde que o verão seja quente.

g) É cultivada como ornamental na África do Sul e na América, onde se naturalizou rapidamente, tornando-se uma espécie invasora, que deslocou outras espécies autóctones. É utilizada para decoração e sombra, principalmente devido às suas folhas largas e copa frondosa, razão do seu nome comum. É utilizada em jardinagem como árvore de sombra, destacando-se o seu aroma e floração abundantes.

h) Referências:

5. Little, Elbert L. (1994). Knopf, ed. *The Audubon Society Field Guide to North American Trees: Western Region*. Chanticleer Press. p. 517.

Phua, Dong Haur; Tsai, Wei-Jen; Ger, Jiin; Deng, Jou-Fang; Yang, Chen-Chang (1 de janeiro de 2008). "Envenenamento humano por Melia azedarach". *Toxicologia Clínica* **46** (10): 1067-1070.

Não.21

a) Nome comum;
Algaroba comum,
b) Nome científico;
Prosopis juliflora
21) Designação comum: Mesquite Designação científica: *Prosopisjuliflora*
c) Descrição da espécie; é uma espécie de leguminosa, de zonas de floresta tropical seca, sendo esta uma árvore espinhosa, de comportamento caducifólio crescendo até atingir em condições de bom solo e clima adequado até 20 metros de altura, de copa irregular e de folhagem esparsa, estendida, de folhas compostas, alternas, pinadas, bipinadas, de 10 a 20 cm de comprimento, com pecíolos alargados a partir da base de 2 8 cm compostos de 12 a 16 pares de folíolos por folha, de 20 a 22 mm de comprimento. Caule irregular bifurcado desde a base, com espinhos nos ramos jovens (3). Inflorescências de cor amarela, em racemos cilíndricos pontiagudos, de 5 a 8 cm de comprimento, contém frutos levemente folhosos, indeiscentes, de 11 a 12 cm de comprimento, por 0,8 a 12 mm de espessura, de cor amarelo-púrpura, com estrias longitudinais avermelhadas, de tamanho entre 6 a 9 a 6 mm de comprimento por 4 a 6 mm de largura. Contém sementes achatadas rodeadas por uma membrana doce. É uma planta muito eficaz, de desenvolvimento rápido e de enraizamento freático. É hermafrodita, sendo estas plantas auto-incompatíveis, pelo que é necessário o seu cruzamento. Floresce regularmente de dezembro a fevereiro nas zonas subtropicais, enquanto que nas zonas temperadas floresce na primavera, sendo

de polinização entomófila, e pode ser propagada por semente, porta-enxerto, mergulhia aérea, estacas e enxertia. A sua madeira nas regiões áridas e marginalizadas tem sido, nos últimos anos, muito utilizada para o fabrico de carvão vegetal, que constitui uma fonte de subsistência para a população que vive nestas condições.

d) Características do solo para esta espécie; desenvolve-se perfeitamente em solos profundos e tolera quantidades importantes de areia, pois o seu sistema radicular é muito profundo, de desenvolvimento rápido, capaz de aproveitar a água disponível no subsolo. Desenvolve-se em vários tipos de solo, mesmo em solos pobres com um pH de 6,5 a 8,3. Exige pouca chuva. Esta árvore tende a melhorar a fertilidade do solo, controla a erosão e a fixação do azoto, pois é uma leguminosa.

e) Necessidades hídricas; Em solos áridos desenvolve a sua inizia a grandes profundidades até 20 metros, com precipitações de 150 a 250 mm por ano. Cresce de 0,0 a 1500 metros acima do nível do mar.

f) Resistência a baixas e altas temperaturas; suporta temperaturas elevadas entre 23 e 29 graus Celsius. Mesmo com insolação intensa (4). É resistente às geadas, embora morra a temperaturas de menos 4 graus Celsius.

g) Recomendada para plantação em zonas urbanas; regularmente utilizada para sombra e a sua madeira dura é muito utilizada em carpintaria. Fornece sombra e alimento para a fauna e para os animais domésticos. Não é recomendada para parques e jardins devido ao seu aspeto cinzento e ao grande número de espinhos, embora proporcione uma boa sombra. As suas vagens são comestíveis para animais e seres humanos e constituem uma importante fonte de alimentação em regiões marginalizadas.

h) Referências: 3. "Prosopis juliflora". *conabio*. Acedido em 12-11-2022.
4. Saltar para: "El cuji yaque". *PDVSA Boletm ecologico*.

a) Nomes comuns;
algaroba do Chile ,   ou
tamarugo
b) Nome científico;
Prosopis chilensis
22. Nome comum: Algaroba *chilena* Nome científico: *Prosopis chilensis*
c) Descrição da espécie; *Prosopis chilensises* (1) uma espécie de Arborea sul-americana, leguminosa (2) da família das que habitam a zona centro-norte do Chile, situando-se entre 500 a 2500 metros acima do nível do mar. É uma árvore de porte médio-baixo, que não ultrapassa os 3 a 12 metros de altura e 6 metros de diâmetro quando adulta, com um tronco curto, ramos longos, uma raiz central com crescimento vertical e que depois desenvolve raízes adventícias. A sua casca é castanho-avermelhada e fácil de descascar. Folhas bipinadas, com pares de espinhos nodais, cónicas, até 5 cm de comprimento. Folhas bipinadas com pecíolos de 2-14 cm de comprimento, a ráquis pode estar ausente, pinas de 6-24 cm de comprimento cada uma com 10-25 pares de folíolos lineares. Inflorescências em cachos, espiciformes, de 6 a 12 cm de comprimento, cilíndricas, esbranquiçadas a amareladas, com 20 a 30 sementes eHptico-ovais de 6-8 mm de comprimento. Os seus frutos são também comestíveis e são utilizados como alimento para o gado e para o homem na produção de bebidas alcoólicas, farinhas, bebidas aquosas. É também utilizada para a produção de carvão vegetal.
d) Características do solo para esta espécie; tolera solos arenosos com

problemas de salinidade, embora por vezes se estes solos tenderem para solos sodados salinos não os tolera.

e) Necessidades hidrológicas; tolera a seca devido ao seu grande sistema radicular, explorando regiões húmidas. É extremamente eficiente em termos hídricos e tem sido desenvolvida com sucesso em regiões áridas.

f) Resistência a temperaturas baixas e altas; não tolera bem as geadas, ou seja, temperaturas inferiores a 4 graus Celsius provocam danos graves nos seus tecidos.

g) Recomendações para plantações em zonas urbanas; árvores

Cortina urbana ornamental e corta-vento, também pelo aproveitamento da sua madeira. Devido ao seu aspeto de folhas verdes intensas e brilhantes, são adequadas para estas zonas urbanas devido à sua excelente folhagem e bom sombreamento.

h) Referências:

1. AFPD, 2008. Base de dados das plantas com flores de África - Base de dados das plantas com flores de África

Burkart, A. 1976. Uma monografia do género Prosopis (Leguminosae subfam. Mimosoideae) J. Arnold Arbor. 57(4): 450-525

N.º 23

a) Nomes comuns;
Algaroba estrangeira ou algaroba doce

b) Nome científico

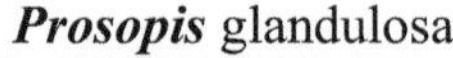

Prosopis glandulosa

Nome C.: Algaroba estrangeira Nome científico: *Prosopis glandulosa*

c) Descrição da espécie: é uma árvore da família das leguminosas, originária da América do Norte, é uma árvore de médio a pequeno porte, de copa arredondada, com ramos pendentes e encordoados, de folhagem clara, com pares de espinhos rectos nos ramos. Atinge alturas de 5 a 9 metros, mas pode chegar aos 14 metros, floresce nos meses de março a novembro com espigas alongadas de cor amarela clara, e frutos em vagens amarelas, comestíveis por muitas espécies de animais selvagens, a taxa de crescimento desta mesquite é média. O seu carvão aromático dá sabor aos churrascos, muito apreciado nos Estados Unidos (1). Também originária do México, foi introduzida noutros países e é considerada uma espécie invasora, ou seja, propaga-se facilmente e em condições muito extremas.

d) Características do solo para esta espécie; cresce em qualquer tipo de solo, podendo mesmo ser observada como invasora em pavimentos.

e) Necessidades hedónicas; tolera secas prolongadas e pode ser encontrada a crescer naturalmente em condições muito extremas.

f) Resistência a temperaturas baixas e altas; tolera temperaturas muito baixas, mesmo inferiores a 4 graus Celsius

g) Recomendada para plantação em zonas urbanas; nas regiões dos países de origem é também utilizada como ornamental, sobretudo pelo seu bom aspeto na época da floração, no entanto, é considerada de sombra média, embora seja agradável ao olhar, devido às suas cores vivas, sobretudo na primavera.

h) Referências:

Felger, Richard; Mary B. Moser (1985). *Povo do deserto e do mar: etnobotânica dos índios Seri*. Tucson: University of Arizona Press.

Não. 24

a) Nomes comuns

Vime

b) Nome científico;

24) Designação comum: Vime Designação científica: *Chilopsis linearis*

c) Descrição da espécie; ***Chilopsis linearis*** descrita por (1), é uma pequena árvore nativa do sudoeste dos EUA e norte do México, comumente vista em córregos e margens de rios até 1500 m acima do nível do mar, atingindo de 1,5 a 8 m de altura, tendo a aparência de outros pequenos arbustos, as folhas são lineares e curvas, atingindo de 10 a 26 cm de comprimento, e 2 a 4 mm de largura, folhas caducas. As flores ocupam uma parncula terminal ou racemo, têm 2 a 4 flores, que abrem ao mesmo tempo, as sépalas são roxas, enquanto a corola tem 2 a 5 cm de comprimento.

O fruto contém um grande número de sementes, que são transportadas pelo vento.

d) Características do solo para esta espécie: desenvolve-se em solos de má qualidade de rios e riachos, pedregosos, tolerantes à salinidade, húmidos e bem drenados. No entanto, prefere solos porosos e arenosos.

e) Necessidades hídricas; tolera secas prolongadas e calor extremo.

f) Resistência a temperaturas baixas e altas; é resistente a temperaturas baixas até 15 graus negativos. E tolera temperaturas elevadas superiores a 35 graus centígrados.

g) Recomendada para a plantação em zonas urbanas; nas regiões áridas e semi-áridas é utilizada como planta ornamental devido à sua floração no início da primavera, a coloração é atractiva quando a mavon'a da espécie está a começar a desfolhar, a sombra não é muito densa, no entanto, devido à sua tolerância às baixas temperaturas e resistência à seca é muito procurada para parques e jardins.

h) Referências:

1. *Chilopsis"*. *Plantas úteis: Linnaeus*. Arquivado do original em 23 de novembro de 2010. Acedido em 4 de dezembro de 2009.

a) Nomes comuns;
Mouro ou mourisco
b) Nome científico;
Morus spp
25) Nome comum: AmoraNome científico: *Morus spp.*
c) Descrição da espécie: árvores de folha caduca nativas das regiões quentes e temperadas da Ásia, África e América do Norte. São de crescimento rápido quando jovens, mas param de crescer a esse ritmo, e raramente ultrapassam os 15 metros de altura. As folhas são alternas, simples, por vezes lobadas e serrilhadas na margem. Quando são fêmeas, vulgarmente designadas por amoras, as amoras são brancas, começando com uma cor verde esbranquiçada, tornando-se brancas com bordos rosados, quando estão maduras, até ficarem roxas quando estão no ponto de colheita. No caso das árvores designadas por amoras, as inflorescências saem, mas passados alguns dias abortam e não produzem frutos, sendo estas espécies especiais para fins ornamentais. As amoras são pretas com uma cor vermelha e são adequadas para a colheita e consumo. Sabe-se que os frutos verdes e as partes verdes das plantas contêm uma saponina tóxica e ligeiramente alucinogénica. Alguns tipos de amoras, especialmente as brancas, têm importância económica, pois são a única fonte de alimento do bicho-da-seda, cujos casulos em pupa são utilizados para fabricar seda. Devido ao seu elevado teor de açúcares totais, ácidos totais e vitaminas,

são utilizadas para sumos e sumo, bem como para a produção de vinho (2).

d) Características do solo para esta espécie; desenvolve-se em todos os tipos de solos, mas se estes forem profundos e férteis, o seu desenvolvimento é exuberante.

e) Necessidades hídricas: têm uma certa tolerância à seca, no entanto quando jovens e de crescimento rápido é aconselhável regá-las regularmente, mas depois de crescidas podem suportar períodos prolongados de seca.

f) Resistência às baixas e altas temperaturas; como são caducifólias, quando chega a estação fria, as folhas caem tornando-as mais tolerantes às baixas temperaturas nos períodos de inverno, por outro lado, necessitam de boas temperaturas no verão e no outono para o seu rápido crescimento.

g) Recomendações para plantações em zonas urbanas; apesar de ainda se encontrarem em parques e jardins, as amoras não são muito recomendáveis para fins ornamentais, pois quando amadurecem caem nos passeios e sujam-se e devido à sua cor forte permanecem durante muito tempo, para além de serem muito apetecíveis para as aves e os seus excrementos não serem nada agradáveis, por outro lado a amora, como não produz frutos, é mais recomendável para parques e jardins devido à sua maravilhosa sombra e ao bom aspeto das cores das folhas.

h) Referências:
2. Liu, Xueming et. al. 2004. Quantificação e purificação de antocianinas de amoras-pretas com resinas macroporosas; Journal of Bio Medicine and Biotechnology; 2004:5 326-331.

Não.26

a) **Nomes vulgares**; Palo Blanco, alfarrobeira ou
tacus branco (5,6)

b) **Nome científico**;

Prosopis alba

26. Nome comum: Palo   BlancoNome científico: *Prosopis alba*

c) **Descrição da espécie**: *Prosopis alba* é uma espécie arbórea da América do Sul, principalmente da Argentina até ao Chile. É uma árvore de porte médio com 9 a 15 metros de altura e até 1 metro de diâmetro de tronco. Esta espécie é considerada fixadora de azoto, sendo utilizada como fertilizante para pastagens destinadas ao gado, devido ao seu aporte mineral deste nutriente. O tronco é curto e a copa é globular, com até 10 metros de diâmetro. Os ramos são finos e muitas vezes estendem-se até ao solo, a casca é fina, castanha-acinzentada e de grão lenhoso, com propriedades tânicas. As folhas são pinadas, como as da alfarrobeira, e estão muito próximas umas das outras. Em cada nó do caule nascem duas a três folhas bipinadas. Cada pinna contém 25 a 40 ou mais pares de folíolos, glabros, erectos, mas um pouco assimétricos na base. No inverno, a árvore perde as suas folhas, mas não se desfolha completamente. A flor é pequena, branco-esverdeada ou branco-amarelada, hermafrodita. A polinização é feita pelo vento ou por insectos, alogâmica, cruzada. O fruto é uma vagem indeiscente, contendo sementes lisas, elipsoides, comprimidas lateralmente, arredondadas pela polpa, uma pasta doce muito rica em cloro, consumida como forragem ou transformada em farinha comestível para o homem. É também utilizada como carvão vegetal.

d) Características do solo para esta espécie; esta espécie prefere
Solos soltos, bem drenados e profundos e locais livres de pastoreio.

e) Necessidades hídricas; esta árvore está perfeitamente adaptada à seca, (xeromorfa), aos sais e à areia, ou seja, é extremamente eficiente em termos hídricos, produz o maior número de frutos em anos de seca, tem sido bem sucedida na introdução desta espécie em regiões áridas e semi-áridas.

f) Resistência a baixas e altas temperaturas; não tolera bem as geadas, ou seja, temperaturas abaixo de zero graus são prejudiciais para esta espécie, especialmente se forem muito baixas e por períodos prolongados. Tolera temperaturas superiores a 35 graus Celsius até um certo ponto, mas isso provoca um abrandamento drástico do seu crescimento.

g) Recomendações para plantação em zonas urbanas; É uma árvore ornamental utilizada em parques e jardins e em zonas urbanas, a sua madeira é dura, utilizada para fazer portas ou aduelas em soalhos, devido à sua resistência à humidade. É excelente para o exterior, necessitando apenas de podas constantes para a manter em bom estado. Tem uma excelente sombra e o seu crescimento é muito reconfortante.

h) Referências:

s) Angel Marzocca. *Vade-mécum* 1997 *de ervas medicinais da Argentina.* Orientacion Grafica Editora, Buenos Aires, Argentina.

t) Enrique L. Ratera e Miguel O. Ratera. 1980. *Plantas de la Flora Argentina empleadas en medicina popular.* Editorial hemisferio sur S.A., Buenos Aires, Argentina.

N.º 27
a)   Nome comum
Palo Verde
b) Nome científico;

Parkinsonia spp

27) Designação comum: Palo Verde Designação científica: *Parkinsonia spp.*

u) Descrição da espécie; O "Cipó-da-índia", descrito por Charles Linnaeus (2), é um grupo de plantas da família ***Fabaceae***, originárias das regiões semi-desérticas de África e da América, arbustos ou árvores, espinhosas ou não, que atingem uma altura de 5 a 12 m. As folhas são nitidamente bipinadas, com ráquis de 2-4 pinas, muito achatadas e longas, com estípulas espinescentes e pequenos e numerosos folíolos opostos, As folhas são nitidamente bipinadas com ráquis de 2-4 pinas, muito achatadas e longas, com estípulas espinescentes e pequenos e numerosos folíolos opostos ou alternos. As flores são hermafroditas com 5 pétalas, ligeiramente desiguais, e 5 sépalas amarelas ou esbranquiçadas. Há 10 estames livres, com filamentos peludos na sua base. O fruto é uma leguminosa tortuosa, mais ou menos indeiscente, coriácea, com sementes oblongas com endosperma, com um pequeno fio pical. O nome palo verde é uma referência ao seu tronco, ramos e pinhas verdes, capazes de fazer fotossíntese após a queda da folhagem.

v) Características do solo para esta espécie; adaptável aos solos
profundo com quantidades significativas de areia, pouco fértil.

w) Requisitos hidrológicos; requer um teor de humidade considerável, mas tem alguma resistência à seca.

x) Resistência a temperaturas baixas e altas; não tolera temperaturas baixas, pois temperaturas muito baixas e períodos prolongados podem causar a morte.

y) Recomendações para plantações em zonas urbanas; Esta espécie
tem características importantes para ser ornamental, uma vez que dá boa sombra
e tem um aspeto agradável, isto por ter um bom porte e também a coloração
esverdeada das suas folhas torna-a mais atractiva.

z) Referências:

2. *Parkinsonia". Tropicos.org. Jardim Botânico do Missouri.* Acedido em 7 de
março de 2015.

Não. 28

a) Nomes
comum; Pata de Vaca, pé de boi, casco de boi
b) Nome científico;
Bauhinia forficata
28) Designação comum: Pata de   Vaca Designação   científica:
Bauhiniaforficata
c) Descrição da espécie: É uma árvore da família das fabáceas, distribuída basicamente na Argentina, e no México em Nuevo Leon e Tamaulipas. É considerada uma árvore perene que pode atingir até 7 metros de altura. As suas flores são branco-rosadas, de estrutura semelhante a uma orquídea. As folhas têm uma disposição simples e alternada, com uma margem lobulada e fendida (lembrando a marca de um peixe, daí o nome "pezuna de buey" ou "pezuna de buey"). Ou mamilo de vaca. A forma da folha é orticulada, com nervuras palmadas. São perenes, com lâmina de 5 a 10 cm de comprimento, de cor verde, sem mudança de tonalidade. O fruto é uma vagem alongada, com 15-30 cm de comprimento, com uma cobertura seca, dura e castanha-acastanhada.
d) Características do solo para esta espécie; cresce em solos profundos e pouco ricos em fertilidade, é sensível a solos alcalinos com pequenas deficiências elementares.
e) Necessidades hídricas; tolera certos graus de seca, embora seja aconselhável manter níveis de humidade adequados durante o maior tempo possível.
f) Resistência a temperaturas baixas e altas; não tolera temperaturas muito baixas, pois tem sempre folhas; no entanto, no período de inverno permanece

inativa e só quando as temperaturas são muito baixas e por períodos prolongados pode causar a morte desta árvore.

g) Recomendações para a plantação em zonas urbanas; esta espécie, do ponto de vista ornamental, floresce na primavera e ao fim de dois a três anos as flores saem com cores atraentes, sendo este o atrativo do ponto de vista ornamental, não sombreia muito, cerca de 60 por cento de sombra com bom crescimento.

a) Nomes comuns;
Pinabete ou cipreste do Arizona
b) Nome científico;
Cupressus arizonica (2)
29. Nome comum: Pinabete Nome científico: *Cupressus arizonica*
c) Descrição da espécie; é uma árvore de tamanho médio, embora em condições óptimas de clima, solo e humidade se desenvolva bem. É uma árvore perene que pode atingir alturas de 10 a 25 metros, o tronco pode atingir até 1 metro de diâmetro, a folhagem é cinzento-esverdeada ou azul-esverdeada, nos primeiros anos a casca é lisa e quando amadurece torna-se rugosa, de onde se desprendem lamelas verticais. As suas folhas são cinzento-esverdeadas, escamiformes ou imbricadas, com o ápice elevado,
d) Características do solo para esta espécie; pode sobreviver em todos os tipos de solo, mas dá-se bem em solos profundos e arenosos, tolerando quantidades elevadas de sais,
e) Necessidades hídricas; é resistente à seca, não tolera grandes quantidades de água ou ser inundada em épocas de chuva.
f) Resistência a temperaturas baixas e altas; tolera temperaturas frias e geadas, no entanto, as temperaturas altas são bem toleradas.
g) Recomendações para o plantio em áreas urbanas, podendo ser utilizadas para reflorestamento ou como quebra-ventos. Do ponto de vista ornamental, sugere-se a seleção de materiais de menor porte, conhecidos como pinabetas,

pois possuem baixo porte e também apresentam boa condição de sombreamento.

h) Referências:

2. "*Cupressusarizonica*". *Tropicos.org. Jardim Botânico do Missouri.*
Acedido em 31 de janeiro de 2013

Não. 30

a) Nomes
comum; Pinguico, carvalho cubano ou nambimbo
b) Nome
científico;
Ehretia tinifolia
30) Designação comum: Pinguim Designação científica: *Ehretia tinifolia*
c) Descrição da espécie; Espécie fanerogâmica pertencente às Boragináceas, são árvores que atingem uma altura de 15 a 25 m, com ramos essencialmente glabros, com folhas persistentes, sendo plantas perenes, com lâminas foliares de folhas largas de 5 a 14 cm de comprimento, eHpticas, com folíolos de 5 a 14 mm glabros, inflorescências de 7 a 10 cm de comprimento, paniculadas, bissexuadas, bissexuadas, sésseis ou curtas, pedicelo não-campanulado, corola de 4 a 6 mm branca, estilete de 2 a 4 mm de comprimento com estigmas truncados, o fruto é uma drupa amarelo-alaranjada com endocarpo dividido em 2 brácteas loculares. Pirinéus com retículos em relevo na superfície exterior (4). Cresce em altitudes de o a 1900 m acima do nível do mar e no México, em zonas tropicais e subtropicais.
d) Características do solo para esta espécie; prefere solos profundas e ricas em fertilidade.
e) Necessita de 11 id ricos; requer quantidades significativas de água para um bom crescimento e desenvolvimento, não tolera a seca.

f) Resistência a baixas e altas temperaturas; embora se desenvolva perfeitamente em regiões tropicais e subtropicais, foi introduzida em zonas temperadas, no entanto, não resiste a baixas temperaturas, especialmente abaixo de zero graus Celsius por períodos prolongados, o que pode causar a sua morte; está adaptada a zonas com temperaturas médias de 32 graus Celsius.

g) Recomendações para plantações em zonas urbanas; esta espécie é considerada introduzida em regiões temperadas, tem boa sombra, mas não tolera baixas temperaturas, do ponto de vista ornamental tem bom aspeto, no entanto é considerada suja, ou seja, deita fora os seus frutos maduros e mancha os pavimentos, deve ser bem gerida do ponto de vista da poda de formação para evitar que atinja a floração e frutificação.

h) Referências:

4. *"Ehretia tinifolia". Tropicos.org. Jardim Botânico do Missouri*. Acedido em 3 de março de 2014.

Não.31

a) Nomes comuns;
Pinheiro Pinon
b) Nome científico;
Pinus cembroides
31. Nome comum: Pinheiro-bravo Nome científico: *Pinus cembroides*
c) Descrição da espécie; descrita por (2) espécie originária do México, da família das Pinaceae. É de baixa estatura, podendo atingir até 10 metros de altura. As suas folhas são muito pequenas e os cones medem entre 5 e 10 cm. Cresce em encostas e lomércios com declives escassos no sopé das montanhas, a altitudes entre 1350 e 2800 m. É uma árvore perene. É uma árvore de folha perene, de copa redonda e aberta nas árvores desenvolvidas e piramidal nas árvores maduras, com folhagem esparsa especialmente nos locais secos, de cor verde médio, por vezes verde amarelado, as folhas são em grupos de 2 a 3 entre 2 e 7 cm de comprimento, cobrem abundantemente os ramos e ao cair deixam uma cicatriz. A casca é castanha avermelhada ou quase preta no exterior e está dividida em camadas espessas com pequenas escamas finas e fissuras profundas. As flores masculinas apresentam-se em amentilhos, cones globosos, com 5 a 6 cm de largura, quase sem pedúnculo, isolados ou em grupos de 2 a 5, com escamas grandes e espessas, carnudas quando verdes, e verde-amareladas ou avermelhadas quando o cone amadurece. As sementes são nuas quando maduras, triangulares, sem asas, com 1 cm de comprimento, castanhas ou negro-acastanhadas na parte superior e finas na base. Tem um sistema radicular profundo e uma sexualidade monóica.

d) Características do solo para esta espécie; cresce em solos pobres e pouco profundos que se encontram nas encostas e nos lados das colinas. Lomeria e montanhas. Solos pedregosos ou calcários, acinzentados ou negros, calcários com elevado teor de gesso, finos, bem drenados, em lomeria e aluviões nos vales, com um pH de 4 a 8, preferindo uma boa drenagem. E com um pH de 4 a 8, preferindo os solos com um pH neutro a alcalino.

e) Necessidades hídricas; requer humidade constante no início do desenvolvimento e, uma vez completamente desenvolvida, pode tolerar alguma seca.

f) Resistente às baixas e altas temperaturas; cresce em climas secos a temperado-húmidos, mesmo secos, com precipitações até 800 mm por ano, e até 7 a 8 meses secos. Desenvolve-se bem em climas temperados secos. As temperaturas variam entre 7 e 40 graus Celsius em média, atingindo mínimos extremos de 7 graus Celsius negativos.

g) Recomendações para plantações em zonas urbanas; são espécies de bom crescimento com pouca sombra, mas são importantes do ponto de vista ornamental devido ao seu grande porte, toleram secas prolongadas e desenvolvem-se em qualquer tipo de solo, sendo os seus frutos comestíveis, mas nas regiões onde são introduzidas os seus frutos não se desenvolvem. São de porte médio e possuem um sistema radicular muito resistente, o que as torna resistentes a condições muito adversas.

h) Referências:

2. *Pinus cembroides". Tropicos.org. Jardim Botânico do Missouri.* Acedido em 8 de abril de 2013.

a) Nomes
comum; Pirul, falsa pimenteira, Gualeguay ou aguaribay.
b) Nome científico;
Schinus molle
32) Designação comum: Tília Designação   científica: *Schinus molle*
c) Descrição da espécie; Árvore perene, de folha perene, pertencente à família das Anacardiaceae, originária dos Andes centrais, amplamente distribuída no continente americano, nas zonas tropicais e subtropicais, mas também cresce nas zonas temperadas, é selvagem e por vezes invasora, especialmente no México (4), árvore de pequeno a médio porte, 6 a 8 metros de altura, diâmetro do tronco pode atingir 50 cm, ramos pendentes, casca exterior castanha a cinzenta, muito rugosa, esfoliante em placas longas, tricomas longos, erectos ou curvos, até o.1 mm de comprimento, esbranquiçados, plantas dióicas, perenes ou caducas, folhas alternas, imparipinadas, com 2 a 28 cm de comprimento e 11 a 39 folíolos opostos a alternos, estreitamente lanceolados. . Apresenta inflorescências terminais e axilares, com brácteas folhosas, de 10 a 25 cm de comprimento, fruto globoso, de 5 a 7 mm de diâmetro, com exocarpo delgado, caducifólio rosa a vermelho-rosado, quando maduro, sementes comprimidas, com cotilédones achatados (6).
d) Características do solo para esta espécie; esta espécie pode desenvolver-se perfeitamente bem em solos pobres com características calcárias, porque não necessita de muita água e encontra-se sempre em solos difíceis de gerir.
e) Necessidades hídricas; é uma espécie tolerante à seca, tolerante a

temperaturas elevadas, pouco tolerante à geada,

f) A resistência a baixas e altas temperaturas tolera temperaturas elevadas e abaixo de zero graus Celsius pode causar danos à planta.

g) Recomendações para a plantação em zonas urbanas; em zonas urbanas é considerada uma espécie invasora, no entanto, propaga-se em parques e jardins devido ao seu bom aspeto, sombra regular e especialmente em regiões onde a água é escassa devido à sua natureza resistente à seca, no entanto, é restringida nestas zonas temperadas pelo facto de não tolerar baixas temperaturas.

h) Referências:

Ramn'ez-Albores, Jorge Enrique (30 de dezembro de 2016). "Previsão da distribuição geográfica e conservação de nicho de uma árvore invasora no México". *Ecossistemas 25* (3):   160-163. doi: 10.7818 / ECOS.2016.25-3.22. Acedido em 7 de dezembro de 2020.

b) *"Schinus molle". Tropicos.org. Jardim Botânico do Missouri.* Acedido em 16 de julho de 2013.

Não. 33
a) Nomes comuns;
Pirul Chino, pimenta brasileira, turbinto, aroeira, pimenta rosa ou pink.
b) Nome científico;
Schinus terebinthifolius

33. designação comum: tília chinesa designação científica: *Schinus terebinthifolius*

c) Descrição da espécie; é uma pequena árvore de 7 a 10 metros de altura, originária de zonas subtropicais e tropicais da América do Sul, com ramos ascendentes, pendentes na própria árvore, de 10 a 22 cm de comprimento. As folhas são alternas, compostas pinadas, com 3 a 15 folíolos, estes são ovados, lanceolados ou etipados, com 3 a 6 cm de comprimento e 2 a 3 cm de largura, com margens finamente dentadas, com ápices agudos a arredondados, A planta é dióica, com pequenas flores brancas, O fruto é uma drupa pequena, vermelha, esférica, com 4 a 5 mm de diâmetro, em densos cachos de centenas de drupas. Possui um látex aromático, que provoca reacções cutâneas em pessoas sensíveis ao látex. É considerada uma das 100 espécies exóticas invasoras mais nocivas do mundo (1).

d) Características do solo para esta espécie; basicamente prefere solos bem drenados e ricos em matéria orgânica, embora possa crescer em solos pobres e profundos.

e) Necessidades hídricas; cresce em condições húmidas e secas, no entanto, em regiões temperadas onde não há grandes descidas de temperatura pode desenvolver-se perfeitamente bem.

f) Resistente a temperaturas baixas e altas; não é resistente a temperaturas baixas e o seu habitat prefere zonas tropicais e subtropicais com elevada pluviosidade.

g) Recomendações para plantação em zonas urbanas; esta árvore é considerada como ornamental, pois é atractiva, sobretudo em regiões sem geadas, pela sua folhagem densa e decorativa e pelos frutos vermelhos que esta espécie desenvolve. As suas drupas secas são vendidas como pimenta rosa. Espécie ornamental que se tornou uma erva daninha em muitas regiões subtropicais com pluviosidade moderada a elevada.

h) Referências:

1. Lowe S., Browne M., Boudjelas S., De Poorter M. (2000). *100 of the World's Most Harmful Invasive Alien Species (100 das espécies exóticas invasoras mais nocivas do mundo). Uma seleção da Global Invasive Species Database.* Publicado pelo Invasive Species Specialist Group (ISSG), um grupo de especialistas da Species Survival Commission (SSC) da World Conservation Union (IUCN). 12pp. Primeira edição, em inglês, publicada com o número 12 da revista Aliens, dezembro de 2000. Versão traduzida e actualizada: novembro de 2004.

a) Nomes comum; Willow, salgueiro dos cursos de água

b) Nome científico;
Salix lasiolepis

34) Designação comum: Salgueiro Designação científica: *Salix lasiolepis*

c) Descrição da espécie; é uma espécie do género **Salix**, nativa do oeste e sudoeste da América do Norte, nos Estados Unidos e no México, na parte sul, que se encontra em ravinas, nas margens de lagoas e zonas húmidas (1). Trata-se de um arbusto grande ou de uma pequena árvore de folha caduca que pode atingir 10 metros de altura. Os rebentos são castanho-amarelados, densamente peludos quando a árvore é jovem. As folhas têm entre 3 e 12 cm de comprimento, são lanceoladas, largas, verdes na face superior e verde-azuladas na face inferior, cobertas inicialmente de pêlos esbranquiçados ou ferruginosos, que desaparecem progressivamente no verão. As flores são catquins amarelos, com 1 a 7 cm de comprimento, produzidos no início da primavera (2).

d) Características do solo para esta espécie; de acordo com as suas características de desenvolvimento, necessita de solos aluviais, profundos e com elevado teor de humidade, encontrados em rios ou ribeiros, ou em zonas húmidas.

e) Necessidades hídricas; requer humidade constante devido às suas características de desenvolvimento, o que se verifica regularmente nas regiões tropicais e subtropicais, no entanto, nas zonas temperadas desenvolvem-se em rios e ribeiros de transporte de água constante.

f) Resistência a baixas e altas temperaturas; não tolera baixas temperaturas e o seu crescimento e desenvolvimento é mais habitual em temperaturas elevadas e com altos teores de humidade ambiente.

g) Recomendações para plantio em áreas urbanas; embora seu crescimento ótimo seja em regiões úmidas, em áreas onde é utilizada como planta ornamental, ela cresce, mas sua necessidade hídrica é alta, ou seja, pode ser utilizada em lagos ou riachos desenvolvidos para paisagismo ornamental.

h) Referências:

1 Abrams, L. 1923. Ferns to Birthworts. 1: 1-557. Em L. Abrams Ill. Fl. Pacífico
Estados Unidos. Stanford University Press, Stanford.

2 Correll, D. S. & M. C. Johnston. 1970. Man. Vasc. Pl. Texas i-xv, 1-1881. Universidade do Texas em Dallas, Richardson.

Não. 35

a) Nome comum;
Salgueiro-chorão
b) Nome científico;
Salix babylonica
35. Nome comum: Salgueiro-chorãoNome científico: *Salix babylonica*
c) Descrição da espécie: árvore da família das **Salicáceas**, originária da Ásia Oriental, mais concretamente do Norte da China. Árvore de folha caduca com 8 a 12 metros de altura, podendo por vezes atingir os 25 metros, com ramos delgados, flexíveis e longos, pendentes quase até ao solo. Folhas lineares lanceoladas, de 8 a 15 cm de comprimento, acuminadas, com margens finamente serrilhadas, glabras e glaucas na face inferior quando adultas. Periolas curtas, pubescentes. As inflorescências brotam juntamente com as folhas, possuem amentilhos cilíndricos, de 2 a 5 cm de comprimento, com flores amarelo-pálidas que se reproduzem por anemocoria (1,3). O seu crescimento é rápido, não sobrevivendo mais de 50 anos. Cresce em estado selvagem no sul do México, principalmente na zona costeira de Chiapas, México. Encontra-se nas margens de riachos e rios.
d) Características do solo para esta espécie; requer solos profundos que retenham quantidades consideráveis de água, quando estes não o são, tem tendência a secar rapidamente, ou seja, devem ser bem drenados.
e) Necessidades hídricas; requer água constante, não resiste à seca, no entanto, em parques e jardins pode desenvolver-se regularmente nas margens de lagos ou

riachos com água constante.

f) Resistente a baixas e altas temperaturas; intolerância à geada, ou seja temperaturas inferiores a zero graus centígrados, no entanto, podem desenvolver-se em zonas temperadas com os cuidados adequados, pois desenvolvem-se perfeitamente bem em regiões com temperaturas elevadas.

g) Recomendações para a plantação em zonas urbanas; árvore de sombra com bom aspeto visual, devido à queda das suas folhas ou ramos por vezes até ao solo, a sua cor é atractiva e, cuidando da sua forma, pode ser treinada para proporcionar sempre sombra em parques e jardins, embora seja também muito utilizada como barreira para evitar a erosão do solo.

h) Referências:

2   . Rede de Informação sobre Recursos de Germoplasma: *Salix babylonica* Arquivado 13 de maio de 2009 no Máquina Wayback.

3   Huxley, A., ed. (1992). *Novo Dicionário RHS de Jardinagem*. Macmillan ISBN 0-333-47494-5.

a) Nomes
comum; Tabachm e
Flamboyan de Madagáscar.
b) Nome
científico;
Delonix regia

36. Nome comum: Tabachm Nome científico: *Delonix regia*

c) Descrição da espécie: é uma árvore da família Fabaceae. É uma
É uma das árvores mais coloridas do mundo, com flores vermelhas e cor de laranja e folhagem verde brilhante, podendo atingir 12 a 15 metros de comprimento. Cresce frequentemente em zonas tropicais e subtropicais. O seu habitat natural são as florestas de folha caduca secas, o que significa que perde as folhas quando a temperatura desce. A sua folhagem é muito densa e perde as suas folhas em zonas com estações secas. No entanto, em condições menos rigorosas, é perene. As flores são grandes, com quatro pétalas de até 8 cm de comprimento e uma quinta pétala, chamada estandarte, que é mais comprida e manchada de amarelo e branco. As vagens maduras são de cor castanha escura, com 60 cm de comprimento e 5 cm de largura, e as sementes são pequenas e pesadas. As sementes são pequenas e pesam cerca de 0,4 gramas. As folhas têm 30 a 50 cm de comprimento e cada uma tem 20 a 40 pares de folíolos primários compostos, também chamados pinados, e cada um destes está dividido em 10 a 20 pares de folíolos secundários. No México, sendo uma espécie exótica, distribui-se praticamente por todo o país, exceto na Baixa Califórnia e na parte central do norte do país.

d) Características do solo para esta espécie: tolera solos com excesso de sais, solos profundos ricos em matéria orgânica e que não se encharquem.

e) Necessidades hídricas; devido às suas características de desenvolvimento, não tolera secas prolongadas e necessita de água constante para o seu crescimento e desenvolvimento normais e, embora possa desenvolver-se em zonas com problemas ligeiros de seca, é necessário cuidar dela nos seus primeiros anos de crescimento.

f) Resistente a temperaturas baixas e altas; desenvolve-se bem em climas sem geada, de preferência necessitando de climas tropicais ou semelhantes a tropicais para sobreviver. Pode tolerar secas curtas

g) Recomendações para plantação em zonas urbanas; é considerada uma planta ornamental exótica devido à sua floração abundante e folhas de cores vivas. O seu uso ornamental é comum para a sua utilização, especialmente em ruas e espaços públicos, é utilizada como árvore de sombra devido à sua folhagem de grande extensão.

a) Nomes
comum; trovão arbóreo, alfeneiro alto, alfeneiro japonês, sumaúma, ligustro, malmadurillo, matahombres e trovão.
b) Nome científico; *Ligustrum lucidum*

37. Nome vulgar: Árvore do trovão Nome científico: *Ligustrum lucidum*

c) Descrição da espécie; espécie vegetal da família **Oleaceae**, nativa da metade sul da China, na América do Sul é considerada uma planta invasora em florestas nativas, deslocando a flora nativa da área (1). Cresce como uma árvore perene de 3 a 15 metros de altura, as folhas são opostas, verde-escuras, com 5 a 15 cm de comprimento e 3 a 8 cm de largura. Os frutos são bagas globosas, de 0,6 a 1 cm, de cor preta a azulada, brilhantes.

d) Características do solo para esta espécie; não é muito exigente em termos de solos; desenvolve-se desde solos pobres e profundos até solos aluviais.

e) Exigências hedícolas; tolera certas condições de seca, especialmente quando desenvolvido como um tipo de árvore.

f) Resistência a baixas e altas temperaturas; se as condições de cultivo forem boas, tolera certas condições de baixas temperaturas, mas não devem ser por períodos prolongados; tolera temperaturas elevadas, especialmente em regiões temperadas onde a temperatura média ultrapassa os 35 graus centígrados.

g) Recomendações para a plantação em zonas urbanas; em zonas urbanas é considerada uma árvore atractiva devido à sua baixa necessidade de água, no entanto, do ponto de vista ornamental, pode ser utilizada como sebe, mas como árvore pode ser atractiva devido à sua boa sombra e bom aspeto, bem como uma condição de sombreamento adequada.

h) Referências:

1. "Evergreens nas Sierras Chicas de Córdoba, Argentina. 10 de março de 2018.

Printed by Books on Demand GmbH, Norderstedt / Germany